南极 北极

南极探索

刘晓杰 ◎ 主编

吉林科学技术出版社

图书在版编目（CIP）数据

南极北极. 南极探索 / 刘晓杰主编. -- 长春：吉林科学技术出版社，2021.8
ISBN 978-7-5578-6742-3

Ⅰ. ①南… Ⅱ. ①刘… Ⅲ. ①南极－儿童读物 Ⅳ. ①P941.6-49

中国版本图书馆CIP数据核字(2019)第295021号

南极北极·南极探索
NANJI BEIJI · NANJI TANSUO

主　　编	刘晓杰
出 版 人	宛　霞
责任编辑	周振新
助理编辑	郭劲松
封面设计	长春市一行平面设计公司
制　　版	长春市阴阳鱼文化传媒有限责任公司
插画设计	杨　烁
幅面尺寸	226mm×240mm
开　　本	12
字　　数	50 千字
印　　张	2
印　　数	6 000 册
版　　次	2021年8月第1版
印　　次	2021年8月第1次印刷

出　　版	吉林科学技术出版社
发　　行	吉林科学技术出版社
地　　址	长春市福祉大路5788号出版大厦A座
邮　　编	130118
发行部电话/传真	0431-81629529　81629530　81629531
	81629532　81629533　81629534
储运部电话	0431-86059116
编辑部电话	0431-81629517
印　　刷	长春百花彩印有限公司

书　　号	ISBN 978-7-5578-6742-3
定　　价	19.90元

自从 1772 年探险家詹姆斯·库克第一次向大洋洲大陆南部进发，探索传闻中"未知的南方大陆"开始，人类对于南极大陆的探索就从未停止过。

1772 年詹姆斯·库克带领着他的航海队伍驾驶着"决心"号和"探险"号从普利茅斯出发一路向南，途经好望角，驶向太平洋南部深处。他们这次出行的目的就是探索"未知的南方大陆"，也就是我们现在所熟知的南极大陆。

1773 年 1 月，詹姆斯·库克和他的航海队穿越南极圈。尽管詹姆斯·库克由于海面浮冰的阻挡，并没有登上南极大陆，但他却是第一个到达南极洲的人。他的这次出海成为了南极大陆探索的里程碑。

自詹姆斯·库克之后，许多探险家将目光汇聚到了南极大陆。1819 年，英国的威廉·史密斯船长在航行过程中无意间发现了南极大陆北部的南设得兰群岛，这是人类首次在南极地区发现陆地的存在。

1821 年，美国的一名捕鲸员约翰·戴维斯，登上了南极半岛，成为了世界上第一个登陆南极的人。随后的几十年里人们虽然不断地寻找并试图登陆南极大陆却从未成功。

1882 年，世界气象组织发起并组织了第一次"国际极地年"。这一年一共 12 个国家共计 15 支考察队向南极和北极发起了挑战。这次活动最终在南极和北极两地共建立了 34 个固定的观测站和 49 个临时性的观测点，标志着属于极地探险的时代到来了。

国际极地年是一项国际南北极科学考察的重要活动，由国际科学理事会和世界气象组织主办，约五十年举办一次，第一次举办于 1882 年，最近一次于 2007 年举办，共举办了四次。

1882 年虽然各国组织了两次南极考察，却并没有登上南极大陆。1898年，挪威探险家波尔赫格雷维克率领的探险队越过了层层阻碍登上了南极大陆，并在维多利亚地东北角盖了一座小屋，成为第一个敢于在南极洲度过冬天极夜的人。

随后的几年里，各国探险家开始对南极点发起了冲击，但是由于装备落后，加之南极恶劣的气候环境，很多探险队都失败了，甚至有的探险队"全军覆没"。在这些探险队中，英国探险家欧内斯特·沙克尔顿带领的队伍最为接近南极点，他们在距离南极点只有 97 英里（大约 156 千米）时物资消耗殆尽，被迫折返。

1911 年，挪威探险家阿蒙森经过半年多的航行来到了南极的"鲸湾"地区，挪威人在那里建立了基地，并进行了长达 9 个月的探险准备工作。

当阿蒙森建立好物资补给点返回到"鲸湾"的时候，英国探险家斯科特率领的探险队也抵达了南极。随后，两只探险队展开了一场人类挑战南极点的探险竞赛。

1911年10月19日阿蒙森带领4名队员，分乘4辆由狗拉的雪橇，

正式向南极点进发，而斯科特也在11月1日踏上了征程。

1911年12月14日，阿蒙森和他的探险队由于率先抵达了南极点，成为了人类史上第一个到达南极点的人。随后他们为了等待他们的竞争对手——斯科特，在南极点停留了三天。但斯科特和他的探险队并没有出现，于是，阿蒙森带领他的队员于12月17日返程，并在第二年的1月30日返回到了鲸湾基地。

相比阿蒙森，斯科特就没有那么幸运了。由于恶劣的天气加上准备不足，斯科特用来代步的马匹全部在探险途中冻死了。他们于 1912 年 1 月 18 日也抵达了南极点，但由于队员体力衰竭，以及提前到来的暴风雪，斯科特和他的队员在这次探险中无人生还，只给后人留下了一本探险日记。

探险日记

来到南极的
第一天。。。

日记

第二次世界大战让世界对于南极探索的脚步停滞了下来，二战结束之后各国相继在南极建立了长期的科考站。1956 年，法国在当时的南极磁点建立了"迪蒙·迪维尔"科学考察站。

随后，美国人于 1957 年 1 月在南极点建立了阿蒙森 – 斯科特站。同年，苏联也在靠近南极点的位置建立了东方站。后来科学家经过测量发现，东方站最冷的温度为 –89.2℃，是南极最冷的地方，也是世界上最冷的地方，人们把这里定为"南极冰点"。

阿根廷的奥尔卡达斯站是世界上第一个南极科学考察站，于 1904 年 2 月 24 日建成。

长城站

1985 年 2 月 20 日，我国的长城科考站在南极乔治王岛建设完成，这是我们国家在南极建立的第一个科考站。

2009 年 1 月 27 日，我国在南极内陆的最高点上建立了昆仑站。

2018 年 2 月 7 日，我国的第五个南极科考站罗斯海新站正式动工，预计于 2022 年建成。

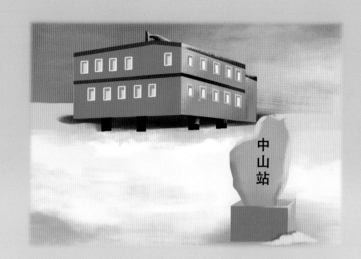

中山站

1989 年 2 月 26 日，以中国民主革命的伟大先驱者孙中山先生的名字命名的中山站在南极建设完成。

昆仑站　　泰山站　　中山站

泰山站

2014 年 2 月 8 日，我国的第四个南极科考站——泰山站建设完成，泰山站的位置位于中山站与昆仑站之间，是我国南极科考队的重要中转枢纽。

南极科考是一项极为艰苦的工作，科考队员不仅要接受严酷的自然环境的考验，还要克服极地生活中的重重困难。

由于南极没有直接可饮用的淡水，科考队员只能使用融化的雪水。大部分科考站都建有蓄水池。

在南极的科考队员所穿的服装都是高科技的产物。因为不光要保暖、抗风，还要有一定的透气性。科考队员的服装面料也成为了一项重要的科研项目。

南极科考队员的日常食物大多来自于运输补给。但是，到了冬天，交通工具很难抵达科考站，这时，科考队员就需要利用温室种植技术来自己解决食物供给问题。

科考队员在南极的考察离不开先进的交通工具。而随着科学的进步，科考队员使用的交通工具从最早的狗拉雪橇、帆船、皮划艇，慢慢升级成雪地摩托、直升机、破冰船。

虽然直升机只能在南极的暖季使用，但是它却真的是南极地区最方便的交通工具，除了运输补给物资，它还可以到达陆地交通工具无法到达的考察点。

破冰船是进行长距离海洋科考的最重要的交通工具。破冰船坚硬的船头可以冲破海面的冰层，开辟航道。

皮划艇由于具有体积小、重量轻、便于携带的特点，被南极科考队员一直沿用至今。皮划艇可以灵活地穿梭在布满浮冰的水面上。

23

由于南极大陆不属于任何国家，所以除了科学考察，南极的环境保护问题也被各国重视。1959 年 12 个国家为了更好地保护南极自然环境共同签署了《南极条约》，里面对科考人员以及旅行者的日常行为做了严格的规定。每年，这些国家都会聚集起来召开会议增补条例内容，如今已经有 46 个国家签署了这个条约。